Impressum/Imprint
Anne Steder - Rosa-Luxemburg-Str. 14 - 18055 Rostock, Germany - Cover: Anne Steder